CACHORROS: GUIA COMPLETO

ÍNDICE

A História da Amizade entre Humanos e Cães

Há milênios, antes mesmo de registros escritos e livros de história, uma das parcerias mais notáveis entre seres vivos estava sendo formada - a amizade entre seres humanos e cachorros. Esse relacionamento, que se estende por eras, transcende o tempo e a cultura, permanecendo como um dos vínculos mais duradouros e significativos entre duas espécies.

A história dessa amizade tem suas raízes profundamente entrelaçadas com a evolução e o desenvolvimento humano. Há indícios de que os primeiros ancestrais do homem domesticaram os lobos, dando início a uma jornada que eventualmente levaria ao desenvolvimento das diversas raças de cães que conhecemos hoje. Esses seres incríveis desempenharam uma variedade de funções ao lado de seus companheiros humanos, moldando nossa sociedade de maneiras incontáveis.

Desde os pastores que auxiliavam na criação de gado até os cães de caça que forneciam alimento para as tribos antigas, os cães sempre foram aliados leais e incansáveis. O surgimento de raças específicas ao longo dos séculos reflete a adaptação e seleção cuidadosa para atender às necessidades humanas, seja como cães de trabalho, guarda, companhia ou esportes.

Mas o papel desses adoráveis animais vai muito além das tarefas práticas. Eles se tornaram parte essencial de nossas vidas cotidianas e famílias, proporcionando amor incondicional e apoio emocional. A pesquisa moderna também tem destacado o poder terapêutico dos cães, mostrando como sua presença pode reduzir o estresse, aliviar a ansiedade e melhorar a saúde mental dos seres humanos.

Em um mundo que está em constante mudança, a única constante parece ser a nossa ligação com esses amigos de quatro patas. Esta é uma história de amor e devoção que atravessa as fronteiras do tempo e da cultura. Neste trabalho, exploraremos mais profundamente essa história de amizade, conhecendo as várias raças que surgiram ao longo da jornada e a importância única que cada uma delas desempenha em nossas vidas.

Assim, celebramos a conexão entre seres humanos e cachorros como um dos tesouros mais preciosos da nossa história conjunta. Uma amizade que continua a prosperar e nos recorda da importância de cuidarmos e valorizarmos esses companheiros leais que enriquecem nossas vidas de maneira tão profunda.

LHASA APSO

LHASA APSO

Uma raça antiga originária do Tibete, o Lhasa Apso é conhecido por seu longo pelo e temperamento distinto.

Origem : Tibete.

Altura : 25 - 28 cm.

Peso : 5,4 - 8,2 kg.

Pelagem : Longa, densa, reta e resistente à água.

Cor : Várias cores, incluindo dourado, areia, mel, fumaça, entre outras.

Longevidade : 12 - 15 anos.

Temperamento : Corajoso, alerta, independente e leal.

CURIOSIDADES INCRÍVEIS SOBRE O LHASA APSO

O Lhasa Apso é uma raça de cachorro conhecida por sua beleza exuberante e personalidade cativante. Originário das montanhas do Tibete, este cão pequeno e peludo tem uma história rica e intrigante que remonta a séculos atrás.

Uma das histórias mais notáveis envolvendo um Lhasa Apso é a de Seng Khri, um cão lendário que viveu durante o reinado do 13º Dalai Lama, no início do século 20. Seng Khri era o cão de guarda pessoal do Dalai Lama e era altamente respeitado no Palácio de Potala, em Lhasa.

O que torna essa história verdadeiramente notável é que Seng Khri não apenas protegeu o Dalai Lama, mas também desempenhou um papel fundamental na política do Tibete. Diz-se que, em uma ocasião, ele ajudou a alertar o Dalai Lama sobre uma traição iminente dentro do palácio, permitindo que medidas fossem tomadas para evitar uma conspiração.

Além de sua inteligência, Seng Khri também era famoso por sua aparência majestosa, com uma pelagem longa e luxuosa que era cuidadosamente mantida pelos monges do palácio. Ele era uma figura carismática e adorada tanto pelo Dalai Lama quanto pelo povo do Tibete.

A história de Seng Khri destaca como os Lhasa Apsos têm uma tradição rica e não são apenas cães de companhia, mas também podem desempenhar papéis significativos em contextos históricos e políticos. Mesmo nos dias de hoje, esses cães encantadores continuam a conquistar os corações de pessoas em todo o mundo com sua beleza e personalidade especial.

SHIH-TZU

SHIH-TZU

O Shih-Tzu é uma raça de cães pequenos e elegantes, conhecida por sua pelagem luxuosa e personalidade afetuosa.

Origem : Tibete.

Altura : 20 - 28 cm.

Peso : 4,5 - 8,2 kg.

Pelagem : Longa, densa, reta e sedosa.

Cor : Várias cores, incluindo dourado, preto, branco e várias combinações.

Longevidade : 10 - 16 anos.

Temperamento : Afetuoso, amigável, alerta e brincalhão.

CURIOSIDADES INCRÍVEIS SOBRE O SHI-TZU

O Shih Tzu é uma raça de cachorro que é amada por sua elegância e charme inconfundíveis. Originário do Tibete, esse pequeno leãozinho é conhecido por sua pelagem exuberante e história fascinante.

Uma das histórias mais notáveis envolvendo o Shih Tzu é a sua conexão com a realeza chinesa. Durante a dinastia Ming (1368-1644), esses cães eram considerados tesouros vivos e eram criados exclusivamente para a família imperial chinesa. Eles eram tão

estimados que tinham seu próprio palácio, onde viviam em grande estilo.

A lenda conta que os Shih Tzus foram criados pela primeira vez cruzando-se os Pugs chineses com os Lhasa Apsos tibetanos, resultando nesse encantador cão de companhia. Eles eram tão valorizados que eram frequentemente dados como presentes diplomáticos a outras nações, incluindo o Tibete e o Japão.

Durante a Revolução Chinesa, muitos Shih Tzus desapareceram, mas alguns foram levados para o exterior por diplomatas e nobres chineses. Foi graças a esses poucos exemplares que a raça se espalhou pelo mundo e ganhou popularidade.

Hoje em dia, o Shih Tzu é conhecido por sua personalidade afetuosa e alegre. Eles são excelentes cães de companhia e se destacam em competições de beleza devido à sua pelagem espetacular e sua elegância. Esses cães continuam a encantar as famílias em todo o mundo, lembrando-nos da época em que eram os favoritos da realeza chinesa e representam uma parte fascinante da história canina.

BULDOGUE FRANCÊS

BULDOGUE FRANCÊS

O Bulldogue Francês é uma raça compacta e de aparência distinta, conhecida por seu focinho achatado e orelhas de morcego.

Origem : França.

Altura : 28 - 31 cm.

Peso : 8 - 14 kg.

Pelagem : Curta, lisa e brilhante.

Cor : Diversas cores, incluindo fulvo, creme, tigrado e preto.

Longevidade : 10 - 12 anos.

Temperamento : Sociável, brincalhão, tranquilo e adaptável.

CURIOSIDADES INCRÍVEIS SOBRE BULLDOGUE FRANCÊS

O Bulldogue Francês é uma raça de cachorro que conquistou corações em todo o mundo com sua aparência distintiva e personalidade encantadora. Apesar de seu nome, essa raça tem raízes britânicas e francesas e tem uma história intrigante.

A história do Bulldogue Francês remonta ao século 19, quando os padeiros ingleses que se mudaram para a França levaram seus Bulldogs com eles. Esses Bulldogs começaram a ser cruzados com cães locais, incluindo o Terrier de Ratos de Paris, resultando em uma raça menor e mais compacta.

Os Bulldogs Franceses rapidamente se tornaram populares entre a classe trabalhadora e, em particular, entre os artesãos parisienses. Eles eram excelentes caçadores de ratos e também companheiros leais. Sua aparência única, com focinho curto e orelhas grandes, os tornou um símbolo da cultura parisiense da época.

No entanto, a popularidade da raça também enfrentou desafios. Durante a Revolução Industrial, muitos artesãos foram forçados a deixar seus cães para trás ao mudar-se para áreas urbanas superpovoadas. Isso resultou em uma população de Bulldogs Franceses abandonados e sem lar.

Felizmente, esforços de preservação e criadores dedicados ajudaram a raça a sobreviver e prosperar. Hoje, o Bulldogue Francês é conhecido por sua personalidade simpática, seu amor por companhia humana e seu status como um dos cães de colo mais populares do mundo.

Sua história fascinante, que inclui uma jornada da Grã-Bretanha para a França e sua conexão com a vida urbana parisiense do século 19, torna o Bulldogue Francês uma raça verdadeiramente única e cativante.

SPITZ ALEMÃO

SPITZ ALEMÃO

O Spitz Alemão é uma raça de cão de tamanho médio com uma pelagem exuberante e uma personalidade vibrante.

Origem : Alemanha.

Altura : 23 - 29 cm (Spitz Anão) a 43 - 51 cm (Spitz Lobo).

Peso : 2 - 10 kg (Spitz Anão) a 16 - 32 kg (Spitz Lobo).

Pelagem : Densa, reta e eriçada.

Cor : Várias cores, incluindo branco, laranja, preto, creme, entre outras.

Longevidade : 12 - 16 anos.

Temperamento : Inteligente, alerta, leal e enérgico.

CURIOSIDADES INCRÍVEIS SOBRE O SPITZ ALEMÃO

O Spitz Alemão, também conhecido como Lulu da Pomerânia, é uma raça de cachorro que combina beleza e charme em um pacote compacto. Essa raça é originária da região do Mar Báltico e tem uma história que remonta a centenas de anos.

Os Spitz Alemães são uma das raças mais antigas da Europa, com evidências de sua existência datando de pelo menos 400 anos atrás. Seu nome "Spitz" em alemão se refere a cães de porte pequeno com focinhos pontudos e orelhas pontudas, características que são uma marca registrada da raça.

Originalmente, esses cães eram maiores e utilizados para diversas tarefas, como pastoreio, caça e guarda. No entanto, ao longo do tempo, os criadores se concentraram em reduzir seu tamanho, desenvolvendo a variedade menor que conhecemos hoje.

Uma das variedades mais populares do Spitz Alemão é o Lulu da Pomerânia, que se tornou um favorito da realeza europeia no século 18. A rainha Vitória da Inglaterra teve um papel importante na popularização da raça quando importou alguns exemplares da Pomerânia para a Inglaterra.

Esses cães são conhecidos por sua pelagem densa e felpuda, que exige cuidados regulares, mas também os torna irresistivelmente fofos. Além de sua aparência deslumbrante, os Spitz Alemães são inteligentes, alertas e afetuosos, tornando-os excelentes companheiros.

Hoje em dia, o Spitz Alemão é uma das raças mais populares em todo o mundo, graças à sua beleza, personalidade encantadora e rica história. Sua jornada de cães de trabalho robustos a cães de colo adoráveis é um testemunho de sua versatilidade e capacidade de conquistar o coração de todos que os conhecem.

YORKSHIRE TERRIER

YORKSHIRE TERRIER

O Yorkshire Terrier é uma raça pequena, conhecida por sua pelagem longa e sedosa, e personalidade ousada.

Origem : Inglaterra.

Altura : 17 - 23 cm.

Peso : 2 - 3,2 kg.

Pelagem : Longa, reta e sedosa.

Cor : Aço azul e dourado.

Longevidade : 13 - 16 anos.

Temperamento : Inteligente, valente, afetuoso e confiante.

CURIOSIDADES INCRÍVEIS SOBRE YORKSHIRE TERRIER

O Yorkshire Terrier, carinhosamente chamado de Yorkie, é uma raça de cachorro que personifica charme e elegância em um pacote pequeno. Esses cães são originários da região da Inglaterra, mais especificamente do condado de Yorkshire, e têm uma história rica e interessante.

A história do Yorkshire Terrier remonta ao século 19, quando trabalhadores de tecelagens da região de Yorkshire cruzaram cães terriers escoceses com outros terriers locais e provavelmente com cães maltês, resultando na criação dessa raça única.

Inicialmente, os Yorkies eram usados para caçar ratos em fábricas têxteis e minas de carvão, devido ao seu tamanho compacto e coragem. No entanto, ao longo do tempo, esses cães foram transformados em companheiros de luxo para as damas da alta sociedade britânica, especialmente durante a era vitoriana. Sua pelagem longa e sedosa tornou-os ícones de elegância.

Uma das lendas mais famosas relacionadas a essa raça é a história de Huddersfield Ben, um Yorkshire Terrier do século 19 que é considerado o pai da raça moderna. Ele era conhecido por sua beleza e habilidades em competições de cães de exposição.

Hoje, os Yorkshire Terriers são apreciados como cães de companhia excepcionais. Apesar de seu tamanho pequeno, eles são valentes e têm uma personalidade vibrante. Seu pelo exige manutenção regular, mas muitos donos consideram o esforço valer a pena devido à sua aparência encantadora.

Em resumo, o Yorkshire Terrier é uma raça que transcende seu passado como caçador de ratos, conquistando corações em todo o mundo com sua combinação única de elegância e coragem. Sua jornada da vida nas minas de carvão para os salões da alta sociedade é uma história cativante da evolução canina.

POODLE

POODLE

O Poodle é uma raça versátil e inteligente, conhecida por sua pelagem encaracolada e natureza amigável.

Origem : França.

Altura : Padrão: acima de 38 cm; Miniatura: 28 - 38 cm; Toy: até 28 cm.

Peso : Padrão: 20 - 32 kg; Miniatura: 7 - 8 kg; Toy: 2 - 4 kg.

Pelagem : Encaracolada, densa e lanosa.

Cor : Várias cores, incluindo branco, preto, marrom, entre outras.

Longevidade : 12 - 15 anos.

Temperamento : Inteligente, alerta, sociável e brincalhão.

CURIOSIDADES INCRÍVEIS SOBRE O POODLE

O Poodle é uma das raças de cachorro mais icônicas e versáteis do mundo. Reconhecido por sua inteligência excepcional e aparência elegante, o Poodle tem uma história que remonta à França, onde ganhou destaque como cão de água, caçador e, posteriormente, como um dos cães de companhia mais populares.

A história do Poodle começa na Alemanha, onde a raça era usada originalmente para recuperar aves aquáticas. Seu nome deriva da palavra alemã "pudel" ou "pudelin", que significa "saltar para a água".

Com sua pelagem densa e à prova d'água, eles eram excelentes nadadores.

Na França, os Poodles foram aperfeiçoados e transformados em cães de companhia elegantes. Eles eram frequentemente usados como cães de circo devido à sua inteligência e habilidades de treinamento impressionantes. Sua pelagem única foi modelada em estilos elaborados, como o corte de leão, que ainda é uma característica distintiva da raça.

Os Poodles vêm em três tamanhos reconhecidos: Poodle Padrão, Poodle Miniatura e Poodle Toy. Cada um tem seu próprio charme, mas todos compartilham a inteligência e a personalidade afetuosa da raça.

Hoje, os Poodles são valorizados não apenas por sua beleza e destreza em competições de cães de exposição, mas também por sua inteligência excepcional, tornando-os excelentes cães de trabalho em várias áreas, como busca e resgate, terapia e até mesmo como cães guias para pessoas com deficiência visual.

Em resumo, o Poodle é muito mais do que uma raça de cães elegante; ele é um símbolo de inteligência, versatilidade e carinho. Sua jornada desde suas origens como cães de água até seu status como cães de companhia queridos em todo o mundo é uma história que continua a encantar amantes de cães de todas as idades.

MINI COLLIE

MINI COLLIE

A Mini Collie, também conhecida como Collie em Miniatura ou Rough Collie em Miniatura, é uma variação menor do Collie Escocês tradicional, mantendo muitas das características da raça original.

Origem : Escócia (como variação do Collie Escocês).

Altura : 30 - 46 cm.

Peso : 11 - 20 kg.

Pelagem : Longa, macia e densa.

Cor : Várias cores, incluindo tricolor, azul merle e sable.

Longevidade : 12 - 14 anos.

Temperamento : Inteligente, leal, gentil e dócil.

UMA CURIOSIDADE SOBRE MINI COLLIE

Existe uma variedade de Collie chamada "Rough Collie em Miniatura," também conhecida como "Miniature Collie" ou "Mini Collie." No entanto, é importante destacar que esta variedade não é reconhecida como uma raça distinta por organizações de cinofilia como a American Kennel Club (AKC) ou o Fédération Cynologique Internationale (FCI).

Os Collies em Miniatura são, na verdade, uma versão menor dos Rough Collies padrão. Eles compartilham muitas das características adoráveis dos Collies, incluindo a pelagem longa e exuberante, a inteligência e a lealdade, mas são criados seletivamente para serem menores em tamanho.

Esses cães são populares entre pessoas que desejam ter um Collie, mas têm espaço limitado em casa ou preferem cães de porte menor. Assim como os Rough Collies padrão, os Collies em Miniatura são conhecidos por serem excelentes cães de companhia e podem se destacar em atividades como pastoreio em miniatura ou competições de obediência.

Devido ao fato de que os Collies em Miniatura não são reconhecidos como uma raça oficial, é importante encontrar um criador respeitável que esteja comprometido em criar cães saudáveis e bem cuidados. Eles podem variar em tamanho e aparência, mas geralmente mantêm as características adoráveis que tornam os Collies tão populares entre os amantes de cães.

PINSCHER

PINSCHER

O Pinscher é uma raça pequena, conhecida por sua personalidade alerta e ativa, apesar de seu tamanho compacto.

Origem : Alemanha.

Altura : 25 - 30 cm.

Peso : 4 - 6 kg.

Pelagem : Curta, densa e brilhante.

Cor : Marrom avermelhado com manchas pretas (padrão), preto e canela, preto e castanho.

Longevidade : 12 - 15 anos.

Temperamento : Alerta, enérgico, corajoso e protetor.

CURIOSIDADES INCRÍVEIS SOBRE O PINSCHER

O Pinscher é uma raça de cachorro pequena, mas cheia de personalidade e energia. Com origens na Alemanha, esses cães são notáveis por sua aparência elegante e disposição alerta.

Os Pinschers são divididos em duas variedades principais: o Pinscher Miniatura (ou Miniature Pinscher) e o Pinscher Alemão (ou Doberman Pinscher). Enquanto o Doberman é uma raça maior e mais conhecida por sua função como cão de guarda, o Pinscher Miniatura é um cão pequeno e robusto, conhecido por sua vivacidade.

O Pinscher Miniatura é frequentemente chamado de "Rei dos Toys" devido à sua atitude confiante e presença forte. Eles são cães enérgicos, curiosos e inteligentes, que estão sempre prontos para ação. Seu pelo curto e lustroso vem em várias cores, incluindo vermelho, preto e canela, chocolate e azul.

Apesar de seu tamanho, os Pinschers Miniatura têm uma personalidade grande. Eles são corajosos e protetores de suas famílias, tornando-os excelentes cães de guarda. Além disso, eles são altamente treináveis e podem se destacar em várias atividades, como obediência e agilidade.

Os Pinschers Miniatura são cães sociáveis e gostam da companhia de seus donos. Eles são brincalhões e adoram se exercitar, tornando-se um companheiro ideal para pessoas ativas. No entanto, é importante fornecer a eles estimulação mental e física adequada, pois podem ficar entediados facilmente.

Em resumo, o Pinscher Miniatura é uma raça pequena, mas cheia de energia e personalidade. Sua disposição alerta e leal faz deles excelentes companheiros para famílias que procuram um cão enérgico e protetor em um pacote compacto.

MALTÊS

MALTÊS

O Maltês é uma raça de cão pequeno conhecida por sua pelagem longa e sedosa e natureza afetuosa.

Origem : Malta.

Altura : 20 - 25 cm.

Peso : 3 - 4 kg.

Pelagem : Longa, lisa e sedosa.

Cor : Branco puro.

Longevidade : 12 - 15 anos.

Temperamento : Afetuoso, amigável, alerta e brincalhão.

CURIOSIDADES INCRÍVEIS SOBRE O MALTÊS

O Maltês é uma raça de cachorro que personifica graça e charme. Originário da região mediterrânea, mais especificamente da ilha de Malta, este cão de pequeno porte é amado em todo o mundo por sua pelagem exuberante, temperamento afetuoso e história rica.

Uma das características mais notáveis dos Malteses é sua pelagem longa, sedosa e branca como a neve. Esta pelagem requintada exige cuidados regulares, incluindo escovação diária para evitar emaranhados, mas muitos consideram o esforço uma parte gratificante de compartilhar a vida com essa raça.

Os Malteses têm uma história que remonta a milhares de anos, e eles eram frequentemente retratados em arte e literatura ao longo da história. Eles eram os favoritos da realeza e da aristocracia em várias culturas e eram frequentemente usados como cães de colo.

Esses cães pequenos têm personalidades cativantes. São afetuosos, leais e extremamente dedicados aos seus donos. Eles gostam de estar perto de suas famílias e podem formar laços estreitos.

Devido ao seu tamanho compacto e temperamento amigável, os Malteses são uma raça popular para pessoas que vivem em espaços pequenos, como apartamentos. No entanto, eles também são conhecidos por sua energia e disposição para brincar, o que os torna adequados para famílias ativas.

Em resumo, o Maltês é uma raça de cachorro que combina beleza e personalidade encantadora. Sua história rica e seu status como um cão de companhia amado em todo o mundo são testemunhos de sua capacidade de conquistar corações ao longo dos séculos.

GOLDEN RETRIEVER

GOLDEN RETRIEVER

O Golden Retriever é uma raça de cão de médio a grande porte, conhecida por sua personalidade amigável e pelagem dourada.

Origem : Reino Unido (Escócia).

Altura : 51 - 61 cm.

Peso : 25 - 34 kg.

Pelagem : Longa, densa, reta ou ondulada e resistente à água.

Cor : Dourado a creme.

Longevidade : 10 - 12 anos.

Temperamento : Inteligente, amigável, gentil e obediente. O Golden Retriever é frequentemente descrito como um cão de família ideal devido à sua natureza carinhosa e adaptável.

CURIOSIDADES INCRÍVEIS SOBRE O GOLDEN RETRIEVER

O Golden Retriever é uma raça de cachorro conhecida por sua personalidade gentil, inteligência e aparência encantadora. Originários da Escócia, esses cães foram inicialmente criados no século 19 como cães de caça, especificamente para recuperar aves aquáticas após o disparo.

O nome "Retriever" reflete sua habilidade excepcional de buscar objetos, especialmente em ambientes aquáticos. Sua pelagem densa e à prova d'água, que vem em tons de dourado a creme, os torna bem adaptados para essa tarefa.

O que torna o Golden Retriever tão especial é sua natureza afetuosa e amigável. Eles são conhecidos por serem cães extremamente leais, gentis com crianças e outros animais de estimação, o que os torna excelentes cães de família. Eles são verdadeiros cães de companhia e gostam de estar perto de seus donos.

A inteligência do Golden Retriever também é uma característica marcante. Eles são altamente treináveis e se destacam em esportes caninos, como agility e obediência. Sua disposição alegre e amor por agradar seus donos os torna ótimos em aprender novos comandos e truques.

Além disso, a raça é conhecida por sua paciência e capacidade de trabalhar como cães de terapia e cães de assistência. Eles têm um instinto natural de cuidar das pessoas e proporcionar conforto emocional.

Em resumo, o Golden Retriever é uma raça que combina beleza, inteligência e um coração generoso. Seu amor incondicional por suas famílias e sua disposição amigável os tornam uma das raças mais populares do mundo.

CHIHUAHUA

CHIHUAHUA

O Chihuahua é uma raça de cão pequena, conhecida por seu tamanho diminuto e personalidade audaciosa.

Origem : México.

Altura : 15 - 23 cm.

Peso : 0,9 - 2,7 kg.

Pelagem : Curta ou longa, lisa e macia.

Cor : Várias cores, incluindo fulvo, preto, branco e chocolate, entre outras.

Longevidade : 14 - 16 anos.

Temperamento : Corajoso, alerta, leal e muito apegado ao seu dono. Eles costumam ser cães de companhia dedicados.

CURIOSIDADES INCRÍVEIS SOBRE o CHIHUAHUA

O Chihuahua é uma raça de cachorro que conquistou corações em todo o mundo com seu tamanho diminuto e personalidade animada. Originário do México, esse cãozinho pequeno é notável por sua aparência distinta e caráter cheio de energia.

Uma das características mais notáveis do Chihuahua é seu tamanho, que geralmente varia de pequeno a muito pequeno. Eles são frequentemente descritos como a menor raça de cachorro do mundo.

Seu corpo é compacto e suas orelhas são grandes e eretas, dando-lhes uma aparência alerta e adorável.

Apesar de seu tamanho, os Chihuahuas são conhecidos por sua personalidade ousada e destemida. Eles frequentemente acreditam que são muito maiores do que realmente são e não hesitam em defender suas famílias. Esses cães têm uma personalidade forte e podem ser extremamente leais e apegados aos seus donos.

Os Chihuahuas são cães inteligentes e muitas vezes aprendem comandos rapidamente. No entanto, sua personalidade teimosa pode tornar o treinamento desafiador, por isso é importante começar o treinamento cedo e com paciência.

Devido ao seu tamanho, os Chihuahuas são uma raça adequada para ambientes pequenos, como apartamentos. No entanto, eles também têm uma grande quantidade de energia e gostam de brincar e correr. Pode surpreender muitas pessoas, mas esses cães pequenos podem ser muito ativos.

Em resumo, o Chihuahua é uma raça de cachorro que combina tamanho pequeno com uma personalidade grande.

COCKER SPANIEL

COCKER SPANIEL

O Cocker Spaniel é uma raça de cão de médio porte conhecida por sua expressão facial adorável e sua pelagem densa e sedosa.

Origem : Reino Unido (Inglaterra).

Altura : 36 - 41 cm.

Peso : 12 - 16 kg.

Pelagem : Longa, lisa ou ondulada, densa e sedosa.

Cor : Variada, incluindo preto, fulvo, castanho, chocolate e muitas combinações.

Longevidade : 10 - 14 anos.

Temperamento : Gentil, alegre, obediente e carinhoso. O Cocker Spaniel é conhecido por ser um excelente cão de companhia e é geralmente amigável com todos.

CURIOSIDADES INCRÍVEIS SOBRE O COCKER SPANIEL

O Cocker Spaniel é uma raça de cachorro encantadora que combina beleza, inteligência e uma natureza afetuosa. Originários da Inglaterra, estes cães foram inicialmente criados como cães de caça para recuperar aves aquáticas, como patos e faisões. Hoje, eles são mais conhecidos por serem excelentes cães de companhia e família.

Uma das características mais marcantes do Cocker Spaniel é sua pelagem longa e sedosa, que vem em uma variedade de cores, incluindo preto, chocolate, ruivo e tricolor. Seus olhos expressivos e orelhas longas adicionam à sua aparência encantadora.

Em termos de personalidade, os Cocker Spaniels são conhecidos por serem cães afetuosos e amigáveis. Eles adoram estar perto de suas famílias e são especialmente pacientes e gentis com crianças. Sua natureza alegre faz deles cães de companhia maravilhosos.

Além de sua personalidade amigável, eles se destacam em atividades como obediência, agility e caça, devido às suas habilidades naturais de rastreamento e busca.

Devido à sua disposição amigável e disposição para agradar, os Cocker Spaniels também são usados como cães de terapia e cães de assistência em várias capacidades.

No entanto, é importante notar que esses cães requerem cuidados regulares com a pelagem, incluindo escovação e cuidados com as orelhas, para evitar problemas de saúde.

Em resumo, o Cocker Spaniel é uma raça de cachorro versátil e encantadora que se destaca por sua personalidade amigável e sua aparência elegante.

BEAGLE

BEAGLE

O Beagle é uma raça de cão de porte médio conhecida por sua personalidade amigável e sua habilidade excepcional para farejar.

Origem : Reino Unido (Inglaterra).

Altura : 33 - 40 cm.

Peso : 9 - 11 kg.

Pelagem : Curta, densa e resistente.

Cor : Tricolor (preto, marrom e branco) ou bicolor (marrom e branco).

Longevidade : 12 - 15 anos.

Temperamento : Amigável, curioso, ativo e sociável. Os Beagles são cães alegres e enérgicos, ideais para famílias ativas. Eles também são conhecidos por sua habilidade como farejadores.

CURIOSIDADES INCRÍVEIS SOBRE O BEAGLE

O Beagle é uma raça de cachorro pequeno, mas cheio de energia e charme. Originários da Grã-Bretanha, esses cães foram inicialmente criados para caçar presas pequenas, como coelhos e lebres, devido ao seu faro apurado e disposição para perseguir trilhas.

Uma das características mais notáveis do Beagle é o seu nariz excepcionalmente aguçado. Eles têm um olfato incrivelmente apurado

e, muitas vezes, são usados em operações de busca e resgate, bem como em detecção de drogas e alimentos em aeroportos devido à sua habilidade de detectar odores.

Em termos de personalidade, os Beagles são conhecidos por serem cães amigáveis, alegres e sociáveis. Eles são muito afetuosos e muitas vezes se dão bem com crianças e outros animais de estimação. No entanto, sua energia inesgotável e disposição brincalhona podem ser um desafio para donos que não conseguem acompanhar seu ritmo.

Os Beagles são cães inteligentes, mas também têm uma dose de teimosia, o que pode tornar o treinamento um pouco desafiador. No entanto, com paciência e consistência, eles podem aprender comandos e truques. Eles também são muito motivados por comida, o que pode ser uma vantagem no treinamento.

Passeios diários e sessões de brincadeira ao ar livre são essenciais para mantê-los felizes e saudáveis.

Em resumo, o Beagle é uma raça de cachorro amigável, enérgica e curiosa, que conquista corações com seu charme e personalidade.

DACHSHUND

DACHSHUND

O Dachshund, também conhecido como "cão salsicha" devido à sua forma alongada, é uma raça de cão pequena com uma personalidade corajosa e enérgica.

Origem : Alemanha.

Altura : 13 - 23 cm (tamanhos variam).

Peso : 4 - 15 kg (tamanhos variam).

Pelagem : Curta, longa ou de arame.

Cor : Variada, incluindo fulvo, preto e castanho, chocolate, arlequim, entre outras.

Longevidade : 12 - 16 anos.

Temperamento : Corajoso, teimoso, curioso e afetuoso. Os Dachshunds são cães enérgicos e adoram explorar, apesar de seu tamanho pequeno. Eles também são conhecidos por sua lealdade aos donos.

CURIOSIDADES INCRÍVEIS SOBRE O DACHSHUND

O Dachshund, frequentemente chamado de "cão salsicha" devido ao seu corpo longo e baixo, é uma raça de cachorro que encanta as pessoas com sua aparência única e personalidade vibrante. Originário da Alemanha, o Dachshund foi originalmente desenvolvido para caçar

animais de toca, como texugos e coelhos, devido à sua capacidade de se aventurar em espaços apertados.

Uma das características mais marcantes do Dachshund é seu corpo longo e suas patas curtas, que lhes conferem uma aparência distinta. Eles vêm em uma variedade de cores e três tipos de pelagem: lisa, longa e arame. Seus olhos expressivos e orelhas caídas adicionam ao seu charme.

Em termos de personalidade, os Dachshunds são conhecidos por serem corajosos e destemidos. Apesar de seu tamanho pequeno, eles são frequentemente descritos como "cães grandes em corpos pequenos". Eles são alertas e podem ser excelentes cães de guarda, latindo para alertar sobre a presença de estranhos.

Os Dachshunds também são conhecidos por serem leais e afetuosos com suas famílias. Eles gostam de estar perto de seus donos e podem formar laços estreitos. No entanto, essa lealdade pode levar a um apego excessivo, e os Dachshunds podem sofrer de ansiedade de separação se deixados sozinhos por longos períodos.

Esses cães são inteligentes, mas também podem ser teimosos, tornando o treinamento uma tarefa desafiadora para alguns donos. No entanto, com paciência e consistência, os Dachshunds podem aprender comandos e truques.

Devido ao seu corpo alongado, os Dachshunds estão predispostos a problemas de coluna vertebral e devem ser manuseados com cuidado.

Eles também precisam de exercício regular para manterem um peso saudável.

Em resumo, o Dachshund é uma raça de cachorro adorável e destemida, com uma aparência única e uma personalidade cativante. Se você está disposto a dar a eles amor, atenção e cuidados adequados, os Dachshunds podem ser companheiros leais e enérgicos que trarão muita alegria à sua vida.

BORDER COLLIE

BORDER COLLIE

O Border Collie é uma raça de cão de trabalho altamente inteligente e ágil, conhecida por sua habilidade excepcional em pastoreio.

Origem : Reino Unido (Escócia).

Altura : 46 - 56 cm.

Peso : 12 - 20 kg.

Pelagem : Dupla, com uma pelagem externa áspera e uma subpelo macia.

Cor : Variada, mas frequentemente preto e branco, vermelho e branco, azul merle e branco, entre outras.

Longevidade : 12 - 15 anos.

Temperamento : Inteligente, energético, obediente e dedicado. Os Border Collies são altamente motivados e excelentes em atividades esportivas e de treinamento. Eles são conhecidos por serem cães de trabalho incansáveis.

CURIOSIDADES INCRÍVEIS SOBRE O BORDER COLLIE

O Border Collie é uma raça de cachorro incrivelmente inteligente e energética que se destaca em uma variedade de tarefas, especialmente no pastoreio de rebanhos. Originária da região de fronteira entre a

Escócia e a Inglaterra, essa raça é frequentemente elogiada por sua habilidade de trabalhar com ovelhas e gado.

Uma das características mais notáveis do Border Collie é seu intelecto aguçado. Eles são amplamente considerados como a raça de cachorro mais inteligente do mundo e são capazes de aprender rapidamente uma ampla variedade de comandos e tarefas. Sua disposição de trabalho e forte ética de trabalho fazem deles cães excepcionais em esportes caninos, como agility, obediência e pastoreio.

Em termos de personalidade, os Border Collies são conhecidos por serem altamente focados e dedicados. Eles têm uma natureza alerta e estão sempre prontos para assumir uma tarefa. No entanto, essa alta energia e desejo de trabalhar podem ser desafiadores para famílias que não podem fornecer estimulação mental e exercício físico adequado.

Esses cães são extremamente leais aos seus donos e muitas vezes formam laços estreitos com suas famílias. No entanto, sua inteligência pode levá-los a serem independentes e até teimosos em situações de treinamento, o que requer um treinador experiente e paciente.

Devido à sua energia, os Border Collies prosperam em ambientes ativos, onde podem se exercitar e participar de atividades que estimulem seu cérebro. Eles também são cães que precisam de desafios mentais regulares para evitar o tédio.

Em resumo, o Border Collie é uma raça de cachorro extremamente inteligente e trabalhadora, que se destaca em uma variedade de funções, desde pastoreio até esportes caninos. Se você é um proprietário ativo e está disposto a fornecer o estímulo mental e físico necessário, o Border Collie pode ser um companheiro leal e impressionante.

LULU DA POMERÂNIA

LULU DA POMERÂNIA

O Lulu da Pomerânia, também conhecido como Spitz Alemão Anão ou simplesmente Pomerânia, é uma raça pequena e fofa, conhecida por sua pelagem exuberante e sua personalidade vibrante.

Origem : Pomerânia (região atualmente dividida entre Polônia e Alemanha).

Altura : 18 - 30 cm.

Peso : 1,4 - 3,2 kg.

Pelagem : Dupla, com uma camada externa longa, densa e reta, e uma camada interna macia.

Cor : Variada, incluindo laranja, creme, preto, sable e muitas outras cores.

Longevidade : 12 - 16 anos.

Temperamento : Alerta, extrovertido, afetuoso e confiante. Apesar de seu tamanho pequeno, os Lulus da Pomerânia são cães ativos e cheios de personalidade.

CURIOSIDADES INCRÍVEIS SOBRE O LULU DA POMERÂNIA

O Lulu da Pomerânia, muitas vezes referido como "Pomeranian," é uma raça de cachorro pequena e cheia de personalidade. Originários da região da Pomerânia, que fazia parte da atual Polônia e Alemanha,

esses cãezinhos são notáveis por sua aparência fofa e sua disposição animada.

Uma das características mais marcantes do Lulu da Pomerânia é sua pelagem densa e macia, que geralmente vem em várias cores, incluindo laranja, creme, preto, chocolate e muitos padrões misturados. Seu pelo exige cuidados regulares, incluindo escovação diária para evitar emaranhados.

Apesar de seu tamanho pequeno, esses cães têm personalidades grandes. Eles são conhecidos por serem corajosos e confiantes, muitas vezes não hesitando em se intrometer em situações maiores do que eles. Eles são leais aos seus donos e podem ser protetores de suas famílias.

Os Lulus da Pomerânia são cães inteligentes e alertas. Eles estão sempre atentos ao que está acontecendo ao seu redor e não perdem a oportunidade de latir para alertar sobre qualquer coisa fora do comum. Sua natureza curiosa e desconfiada pode torná-los bons cães de guarda.

Apesar de sua personalidade vibrante, os Lulus da Pomerânia podem ser um pouco teimosos no treinamento. No entanto, com paciência e reforço positivo, eles podem aprender comandos e truques.

Devido ao seu tamanho pequeno, esses cães são adequados para viver em ambientes pequenos, como apartamentos. Eles gostam de brincar e se exercitar, mas suas necessidades de exercício são moderadas em comparação com raças maiores.

Em resumo, o Lulu da Pomerânia é uma raça de cachorro pequena e charmosa que conquista corações com sua aparência adorável e personalidade destemida. Se você está procurando um cão pequeno com uma atitude grande, o Lulu da Pomerânia pode ser a escolha perfeita para você.

CHOW-CHOW

CHOW-CHOW

O Chow-Chow é uma raça de cão de porte médio a grande, conhecida por sua língua azul-preta e sua pelagem espessa e leonina.

Origem : China.

Altura : 46 - 56 cm.

Peso : 20 - 32 kg.

Pelagem : Longa, densa e reta.

Cor : Variada, incluindo vermelho, creme, preto, azul e muitas outras cores.

Longevidade : 9 - 15 anos.

Temperamento : Independente, leal, reservado e tranquilo. Os Chow-Chows são conhecidos por sua personalidade distinta e sua lealdade aos seus donos. Eles podem ser reservados com estranhos, mas são carinhosos com suas famílias.

CURIOSIDADES INCRÍVEIS SOBRE O CHOW - CHOW

O Chow-Chow é uma raça de cachorro que se destaca por sua aparência única e imponente. Originário da China, esse cão é conhecido por sua língua azulada, pelagem densa e juba semelhante à de um leão ao redor do pescoço.

Uma das características mais notáveis do Chow-Chow é sua língua de cor azul, que é uma característica exclusiva entre as raças caninas. Além disso, eles têm uma pelagem dupla espessa que pode ser encontrada em várias cores, incluindo vermelho, creme, preto, azul e caramelo. Sua expressão facial é serena e distinta.

Em termos de personalidade, o Chow-Chow é conhecido por sua natureza independente e reservada. Eles tendem a ser leais e afetuosos com seus donos, mas podem ser distantes com estranhos. Essa raça é muitas vezes descrita como digna e autoconfiante.

Os Chow-Chows são cães inteligentes, mas também podem ser teimosos, o que pode tornar o treinamento desafiador para alguns proprietários. É importante começar o treinamento desde cedo com reforço positivo e consistência.

Esses cães são geralmente calmos e não são hiperativos, o que os torna adequados para viver em ambientes pequenos, como apartamentos. No entanto, eles precisam de exercício diário moderado e cuidados regulares com a pelagem para evitar emaranhados.

Devido à sua natureza protetora e às vezes desconfiada de estranhos, os Chow-Chows podem ser bons cães de guarda. Eles estão dispostos a proteger sua família e seu território quando necessário.

Em resumo, o Chow-Chow é uma raça de cachorro majestosa e distinta, conhecida por sua aparência única e personalidade independente. Se você está disposto a investir tempo no treinamento e nos cuidados com a pelagem, o Chow-Chow pode ser um companheiro

leal e impressionante para quem procura um cão com caráter próprio.

SAMOIEDA

SAMOIEDA

O Samoieda é uma raça de cão de porte médio a grande, conhecida por sua aparência majestosa e sua pelagem branca e espessa.

Origem : Rússia (Sibéria).

Altura : 53 - 60 cm (machos) e 48 - 53 cm (fêmeas).

Peso : 20 - 30 kg.

Pelagem : Dupla, com uma camada externa longa, densa e reta, e uma camada interna macia.

Cor : Branco ou creme.

Longevidade : 12 - 14 anos.

Temperamento : Amigável, afetuoso, alerta e sociável. Os Samoiedas são conhecidos por serem cães extrovertidos e amigáveis, sendo ótimos companheiros para famílias. Eles também têm uma natureza trabalhadora e gostam de atividades ao ar livre.

CURIOSIDADES INCRÍVEIS SOBRE O SAMOIEDA

O Samoieda é uma raça de cachorro de origem russa, que ganhou fama por sua aparência encantadora e personalidade amigável. Estes cães têm uma pelagem densa e fofa, que geralmente é branca, embora possa incluir algumas manchas de outras cores. Seus olhos escuros e expressivos e sorriso característico adicionam ao seu charme.

Em termos de personalidade, o Samoieda é conhecido por ser amigável, afetuoso e sociável. Eles são carinhosos com suas famílias e muitas vezes se dão bem com crianças e outros animais de estimação. Esses cães são verdadeiros cães de companhia e gostam de estar perto de seus donos.

Além de sua personalidade afetuosa, os Samoiedas são inteligentes e curiosos. Eles são conhecidos por seu sorriso característico, que é o resultado de um lábio superior ligeiramente curvado.

Devido à sua pelagem densa, os Samoiedas requerem cuidados regulares com a pelagem, incluindo escovação para evitar emaranhados e nós. Eles têm uma camada dupla que os protege de temperaturas extremas, mas também significa que podem soltar bastante pelo durante a temporada de muda.

Esses cães são moderadamente ativos e gostam de passeios diários e atividades ao ar livre. Eles também podem se destacar em esportes caninos, como agility e competições de obediência.

Em resumo, se você está procurando um cão que seja um companheiro leal e alegre, o Samoieda pode ser uma excelente escolha para você.

HUSKY SIBERIANO

HUSKY SIBERIANO

O Husky Siberiano é uma raça de cão de médio porte conhecida por sua aparência impressionante e sua resistência em climas frios.

Origem : Rússia (Sibéria).

Altura : 53 - 60 cm (machos) e 51 - 56 cm (fêmeas).

Peso : 20 - 27 kg (machos) e 16 - 23 kg (fêmeas).

Pelagem : Densa, dupla e peluda.

Cor : Variada, incluindo preto e branco, cinza e branco, vermelho e muitas outras cores.

Longevidade : 12 - 14 anos.

Temperamento : Amigável, independente, energético e sociável. Os Huskies Siberianos são cães enérgicos que adoram atividades ao ar livre e são conhecidos por sua amizade com outros cães e sua personalidade cativante. Eles são notavelmente bons em puxar trenós e trabalhar em equipe.

CURIOSIDADES INCRÍVEIS SOBRE O HUSKY SIBERIANO

O Husky Siberiano é uma raça de cachorro impressionante e altamente reconhecível, originária da Sibéria, Rússia. Esses cães são conhecidos por sua pelagem espessa, olhos azuis penetrantes e personalidade enérgica.

Uma das características mais marcantes do Husky Siberiano é a sua pelagem densa e macia, que pode ter uma variedade de cores e padrões, incluindo preto, cinza, vermelho, marrom e branco. Seus olhos azuis, embora não exclusivos da raça, são frequentemente notados e adicionam uma aura hipnotizante à sua aparência.

Em termos de personalidade, os Huskies são conhecidos por serem cães amigáveis, sociais e cheios de energia. Eles são muito afetuosos com suas famílias e tendem a se dar bem com crianças e outros animais de estimação. Esses cães são conhecidos por sua disposição amigável, e muitas vezes são chamados de "cães-lobo", embora sejam uma raça independente.

Os Huskies Siberianos são altamente inteligentes e tendem a ser independentes, o que pode tornar o treinamento desafiador para proprietários inexperientes. Eles têm um instinto forte de caça e devem ser supervisionados perto de animais menores, devido ao seu desejo natural de perseguir.

Esses cães são famosos por sua energia inesgotável e adoram correr e brincar ao ar livre. Eles são cães de trabalho por natureza, originalmente criados para puxar trenós na região do Ártico, e isso se reflete em sua necessidade de exercício vigoroso.

Devido à sua pelagem densa, os Huskies Siberianos soltam bastante pelo, especialmente durante as mudas de pelagem sazonal. Cuidados regulares com a pelagem, incluindo escovação, são essenciais para manter a pelagem saudável e evitar emaranhados.

Em resumo, o Husky Siberiano é uma raça de cachorro deslumbrante, conhecida por sua pelagem exuberante e personalidade amigável. Se você é uma pessoa ativa e está disposto a atender às necessidades de exercício desta raça, um Husky Siberiano pode ser um companheiro leal e energético que trará muita alegria à sua vida.

WELSH CORGI

WELSH CORGI

O Welsh Corgi é uma raça de cão de porte pequeno a médio, conhecida por seu corpo alongado, pernas curtas e personalidade ativa.

Origem : Reino Unido (País de Gales).

Altura : 25 - 30 cm.

Peso : 11 - 14 kg.

Pelagem : Curta ou longa, reta e densa.

Cor : Variada, incluindo tricolor, vermelho e branco, sable e muitas outras cores.

Longevidade : 12 - 15 anos.

Temperamento : Alerta, inteligente, afetuoso e obediente. Os Welsh Corgis são cães de pastoreio por natureza e são conhecidos por serem ativos, leais e adoráveis companheiros. Eles são ótimos para famílias e se dão bem com crianças e outros animais de estimação.

CURIOSIDADES INCRÍVEIS SOBRE O WELSH CORGI

O Welsh Corgi é uma raça de cachorro pequena, mas cheia de personalidade, originária do País de Gales. Esses cães são notáveis por seus corpos compridos, pernas curtas e orelhas pontudas, que lhes conferem uma aparência única e adorável.

Os Corgis são conhecidos por sua personalidade afetuosa e amigável. Eles são cães leais e dedicados aos seus donos e geralmente se dão bem com crianças e outros animais de estimação. Sua natureza alerta e curiosa os torna cães excelentes para famílias.

Esses cães são inteligentes e aprendem rapidamente, o que os torna altamente treináveis. No entanto, eles também podem ser teimosos em algumas situações, por isso é importante usar métodos de treinamento consistentes e positivos.

Apesar de seu tamanho pequeno, os Corgis têm muita energia e gostam de brincar e se exercitar. Eles são cães ativos que precisam de estimulação mental e física para se manterem saudáveis e felizes.

Devido à sua estrutura física e corpo comprido, os Corgis podem estar predispostos a problemas de coluna vertebral, por isso é importante evitar que eles pulem de locais elevados e que mantenham um peso saudável.

Em resumo, se você procura um cão de companhia que seja leal, inteligente e enérgico, o Corgi pode ser uma excelente escolha para você.

GALGO

GALGO

O Galgo é uma raça de cão de porte médio a grande, conhecida por sua elegância e velocidade impressionante.

Origem : Espanha.

Altura : 60 - 70 cm (machos) e 58 - 68 cm (fêmeas).

Peso : 25 - 30 kg.

Pelagem : Curta e lisa.

Cor : Variada, incluindo preto, fulvo, tigrado e muitas outras cores.

Longevidade : 10 - 14 anos.

Temperamento : Tranquilo, afetuoso, reservado e independente. Os Galgos são cães gentis e tranquilos, frequentemente usados para caça devido à sua incrível velocidade. Eles também são ótimos animais de estimação para famílias calmas e que gostam de atividades mais moderadas.

CURIOSIDADES INCRÍVEIS SOBRE O GALGO

O Galgo é uma raça de cachorro que combina graça, beleza e uma velocidade incrível. Originários do Oriente Médio, esses cães são frequentemente associados a corridas de galgos devido à sua agilidade e capacidade de correr em alta velocidade.

Uma das características mais notáveis dos Galgos é seu corpo esguio e elegante, com pernas longas e musculosas que os tornam incrivelmente rápidos. Sua pelagem curta e lisa pode vir em uma variedade de cores, incluindo preto, branco, fulvo, tigrado e muitas outras.

Em termos de personalidade, os Galgos são conhecidos por serem cães gentis e afetuosos. Eles são frequentemente descritos como cães calmos e reservados, mas também podem ser brincalhões e adoram correr ao ar livre quando têm a oportunidade.

Esses cães são inteligentes e podem ser treinados com sucesso, embora às vezes possam ser teimosos. Eles têm uma disposição tranquila e podem se dar bem com crianças e outros animais de estimação.

Devido à sua alta velocidade e natureza atlética, os Galgos precisam de exercício diário para liberar energia. No entanto, eles também gostam de relaxar em casa e são cães que podem se adaptar bem a ambientes internos.

É importante notar que muitos Galgos são adotados após aposentarem-se das corridas de galgos, o que lhes proporciona uma segunda chance em um lar amoroso.

Em resumo, o Galgo é uma raça de cachorro elegante e veloz, conhecida por sua graça e personalidade gentil. Se você está disposto a proporcionar exercício e atenção adequados, o Galgo pode ser um companheiro leal e elegante que trará beleza e velocidade à sua vida.

ROTTWEILER

ROTTWEILER

O Rottweiler é uma raça de cão de grande porte, conhecida por sua força, lealdade e natureza protetora.

Origem : Alemanha.

Altura : 61 - 69 cm (machos) e 56 - 63 cm (fêmeas).

Peso : 45 - 59 kg (machos) e 36 - 48 kg (fêmeas).

Pelagem : Curta, densa e resistente.

Cor : Preto e castanho.

Longevidade : 8 - 10 anos.

Temperamento : Leal, corajoso, confiante e protetor. Os Rottweilers são cães poderosos e, quando bem treinados, podem ser excelentes companheiros e cães de guarda. Eles são conhecidos por sua devoção à família e sua disposição para proteger aqueles que amam.

CURIOSIDADES INCRÍVEIS SOBRE O ROTTWEILLER

O Rottweiler é uma raça de cachorro robusta e poderosa que se originou na cidade alemã de Rottweil. Esses cães têm uma aparência imponente, com músculos bem desenvolvidos, cabeça larga e uma expressão alerta.

Uma das características mais notáveis dos Rottweilers é sua lealdade inabalável aos seus donos. Eles são conhecidos por serem cães

extremamente protetores de suas famílias e territórios. Essa natureza protetora faz deles cães de guarda excelentes e parceiros leais.

Os Rottweilers são inteligentes e aprendem rapidamente, o que os torna altamente treináveis. No entanto, essa raça também pode ser teimosa em algumas situações, portanto, o treinamento deve ser consistente e baseado em reforço positivo.

Apesar de sua reputação de serem cães agressivos, os Rottweilers podem ser bem equilibrados e sociáveis quando devidamente socializados desde filhotes. Eles podem ser afetuosos com suas famílias e, muitas vezes, são bons com crianças quando criados e treinados adequadamente.

Os Rottweilers são cães ativos e precisam de exercício regular e estimulação mental. Eles gostam de atividades como caminhadas, corridas e brincadeiras ao ar livre.

Devido à sua natureza poderosa, os Rottweilers precisam de um dono que possa fornecer liderança firme e consistente. Eles também devem ser socializados desde jovens para garantir que sejam confiantes e bem-comportados em diversas situações.

Em resumo, o Rottweiler é uma raça de cachorro forte e protetora, conhecida por sua lealdade e disposição de trabalho.

PUG

PUG

O Pug é uma raça de cão pequena e carinhosa, conhecida por suas rugas faciais e sua personalidade alegre.

Origem : China.

Altura : 25 - 30 cm.

Peso : 6 - 8 kg.

Pelagem : Curta, lisa e brilhante.

Cor : Fulvo, preto ou prateado com uma máscara facial preta.

Longevidade : 12 - 15 anos.

Temperamento : Afetuoso, amigável, alerta e brincalhão. Os Pugs são cães de companhia excepcionais, sendo conhecidos por sua natureza afetuosa e seu senso de humor. Eles são ideais para famílias e são geralmente amigáveis com pessoas e outros animais.

CURIOSIDADES INCRÍVEIS SOBRE O PUG

O Pug é uma raça de cachorro que conquista corações com sua aparência única e personalidade carismática. Originários da China, esses cães são conhecidos por seu corpo compacto, cabeça redonda e expressão facial adorável.

Uma das características mais marcantes do Pug é seu focinho curto e achatado, que é uma das características mais distintas da raça.

Eles têm grandes olhos escuros e orelhas caídas que adicionam ao seu charme. Sua pelagem é curta e macia, geralmente em tons de fulvo (um amarelo-dourado) ou preto, embora os Pugs pretos sejam particularmente populares.

Em termos de personalidade, os Pugs são conhecidos por serem cães extrovertidos, amigáveis e cheios de energia. Eles são carinhosos com suas famílias e tendem a se dar bem com crianças e outros animais de estimação. Esses cães são verdadeiros cães de companhia e gostam de estar no centro das atenções.

Os Pugs são inteligentes, embora possam ter um lado teimoso. Eles podem aprender comandos e truques com treinamento consistente e reforço positivo. Sua natureza afetuosa os torna cães excelentes para terapias e companhia.

Devido ao seu tamanho pequeno, os Pugs não requerem uma grande quantidade de exercício. Passeios diários e sessões de brincadeira em casa são geralmente suficientes para mantê-los felizes e saudáveis.

É importante observar que, devido à sua conformação facial achatada, os Pugs podem ser suscetíveis a problemas respiratórios, especialmente em climas quentes. Eles também podem ser propensos a ganhar peso, por isso é importante manter uma dieta equilibrada e monitorar seu peso.

Em resumo, o Pug é uma raça de cachorro pequena e encantadora, conhecida por sua aparência adorável e personalidade extrovertida. Se

você procura um cão que seja um companheiro leal e alegre, o Pug pode
ser a escolha perfeita para você.

PASTOR ALEMÃO

PASTOR ALEMÃO

O Pastor Alemão é uma raça de cão de grande porte, conhecida por sua inteligência, lealdade e habilidades de trabalho.

Origem : Alemanha.

Altura : 60 - 65 cm (machos) e 55 - 60 cm (fêmeas).

Peso : 30 - 40 kg (machos) e 22 - 32 kg (fêmeas).

Pelagem : Média, densa e áspera.

Cor : Variada, incluindo preto e castanho, sable e sólido preto.

Longevidade : 9 - 13 anos.

Temperamento : Inteligente, corajoso, leal e protetor. Os Pastores Alemães são conhecidos por sua versatilidade e são frequentemente usados como cães de trabalho em funções como pastoreio, busca e resgate, e cães policiais. Eles também são excelentes cães de companhia quando treinados e socializados adequadamente.

CURIOSIDADES INCRÍVEIS SOBRE O PASTOR ALEMÃO

O Pastor Alemão é uma raça de cachorro que se destaca por sua inteligência, lealdade e versatilidade. Originários da Alemanha, esses cães são conhecidos por sua aparência atlética e impressionante.

Uma das características mais notáveis do Pastor Alemão é sua pelagem dupla, geralmente em cores como preto e castanho ou sable. Eles têm uma cabeça forte e expressiva, orelhas eretas e uma cauda em forma de lança. Sua expressão facial é alerta e confiante.

Em termos de personalidade, os Pastores Alemães são conhecidos por serem cães inteligentes e trabalhadores. Eles são altamente dedicados aos seus donos e famílias e tendem a ser protetores. Esses cães são frequentemente usados em papéis de aplicação da lei e resgate devido à sua natureza corajosa e habilidades de rastreamento.

Os Pastores Alemães são altamente treináveis e respondem bem ao treinamento com reforço positivo. Sua inteligência e disposição para aprender os tornam versáteis em uma variedade de atividades, desde obediência e esportes caninos até trabalho de busca e salvamento.

Esses cães são ativos e precisam de exercício regular para liberar energia. Eles adoram caminhadas, corridas e jogos ao ar livre, e também podem ser ótimos companheiros para atividades como ciclismo e caminhadas.

Devido à sua pelagem densa, os Pastores Alemães soltam pêlo, especialmente durante as mudas de pelagem sazonal. Cuidados regulares com a pelagem, como escovação, ajudam a manter sua pelagem saudável.

Em resumo, o Pastor Alemão é uma raça de cachorro altamente inteligente, leal e versátil, adequada para uma variedade de funções, desde cão de companhia até cão de trabalho. Se você procura um cão dedicado e disposto a trabalhar em equipe, o Pastor Alemão pode ser a escolha perfeita para você.

SRD (SEM RAÇA DEFINIDA)

SRD (SEM RAÇA DEFINIDA)

Os cães SRD, ou Sem Raça Definida, são cães que não pertencem a nenhuma raça específica e muitas vezes são uma mistura de várias raças. Eles podem variar amplamente em tamanho, cor e temperamento, mas cada um é único à sua maneira.

Origem : Variada, pois são frequentemente fruto de cruzamentos diversos.

Altura : Variável, dependendo das raças envolvidas.

Peso : Variável, dependendo das raças envolvidas.

Pelagem : Variável, dependendo das raças envolvidas.

Cor : Variável, dependendo das raças envolvidas.

Longevidade : Varia, mas geralmente de 10 a 15 anos, dependendo do cuidado e da saúde geral.

Temperamento : Variável, pois depende das características das raças misturadas. Cães SRD podem ser carinhosos, leais e adaptáveis, tornando-os excelentes companheiros de família. Eles também podem ser encontrados em abrigos de animais, aguardando adoção e amor.

Os cães SRD são apreciados por sua singularidade e podem ser animais de estimação maravilhosos para aqueles que desejam um companheiro de quatro patas sem a preocupação com uma raça específica.

CURIOSIDADES INCRÍVEIS SOBRE OS VIRA - LATAS

Os cães Sem Raça Definida (SRD), frequentemente chamados de vira-latas ou cães de rua, são uma categoria especial de cachorros que não pertencem a nenhuma raça específica. No entanto, esses cães têm muitas qualidades que os tornam especiais e dignos de amor e cuidado.

Os SRD vêm em uma ampla variedade de tamanhos, cores e personalidades, tornando cada um deles único. Eles são frequentemente adotados de abrigos de animais ou resgatados das ruas, o que lhes dá uma segunda chance em um lar amoroso.

O que os SRD podem não ter em termos de pedigree, eles compensam com sua personalidade. Eles são conhecidos por serem cães carinhosos, leais e afetuosos. Muitos SRD são extremamente inteligentes e podem ser treinados para realizar uma variedade de tarefas e truques.

Uma das vantagens de ter um SRD é que eles tendem a ter menos problemas de saúde relacionados a raças específicas, pois não são propensos a doenças genéticas comuns em raças puras. No entanto, é importante fornecer cuidados veterinários regulares, incluindo vacinações e check-ups, para mantê-los saudáveis.

Os SRD podem se adaptar facilmente a uma variedade de ambientes, desde apartamentos até casas com quintais espaçosos. Eles também podem ser ótimos companheiros para famílias, solteiros, idosos e qualquer pessoa que esteja disposta a dar amor e cuidado a um cachorro.

Adotar um SRD é uma oportunidade de dar a um cão sem lar uma vida melhor e cheia de amor. Esses cães muitas vezes retribuem essa generosidade com lealdade inabalável e devoção. Portanto, se você está pensando em adicionar um cachorro à sua família, considere a opção de adotar um SRD. Eles podem ser o melhor amigo que você já teve.

Dicas de cuidados

Nutrindo o Vínculo com o Seu Cachorro

Cães, essas criaturas fiéis e amorosas, são mais do que apenas animais de estimação; eles se tornam membros queridos de nossas famílias. Como tal, proporcionar-lhes carinho e atenção é essencial para garantir que levem vidas saudáveis e felizes. Neste capítulo, exploraremos a importância de nutrir o vínculo entre você e seu cão através de gestos de carinho e atenção.

1. Tempo de Qualidade:

- Dicas para Donos de Cachorros com Espaço Limitado: Se você tem pouco espaço em casa, considere programar caminhadas frequentes no parque ou no bairro para garantir que seu cão receba exercício adequado.

- Alternativas para Exercício Interno: Brincadeiras interativas dentro de casa, como esconder brinquedos ou criar um circuito de obstáculos, podem manter seu cão mentalmente estimulado, mesmo em espaços pequenos.

- Cães de Grande Porte em Pequenos Espaços: Se você adotou um cachorro grande e vive em um espaço pequeno, faça caminhadas longas e regulares para ajudar a satisfazer suas necessidades de exercício.

- Opções para Exercício de Baixo Custo: Brincar de buscar, correr em áreas comunitárias ou usar brinquedos interativos são maneiras acessíveis de manter seu cão ativo.

3. Treinamento e Educação:

- Treinamento em Casa: Mesmo com um orçamento limitado, você pode treinar seu cão em casa usando recursos online gratuitos e reforço positivo.

- Aulas de Treinamento em Grupo: Se você tem condições financeiras, considerar aulas de treinamento em grupo pode ser uma excelente maneira de socializar seu cão e aprender com especialistas.

4. Alimentação Saudável:

- Alternativas para Ração Industrializada: Se você deseja evitar ração industrializada, pode optar por dietas caseiras balanceadas, mas é importante consultar um veterinário ou nutricionista canino para garantir que todas as necessidades nutricionais sejam atendidas.

- Opções de Alimentação Econômica: Para orçamentos mais apertados, algumas pessoas optam por alimentar seus cães com ração de qualidade acessível, certificando-se de que a dieta seja equilibrada com base nas orientações do fabricante.

5. Cuidados Médicos:

-       Assistência Veterinária Acessível: Se você tem recursos limitados, procure clínicas veterinárias locais que ofereçam preços acessíveis ou programas de assistência médica para pets.

-       Vacinação em Casa: Em algumas áreas, organizações sem fins lucrativos oferecem clínicas de vacinação acessíveis, permitindo que você mantenha seu cão atualizado com as vacinas necessárias.

6. Ambiente Seguro:

- Economizando em Itens de Segurança: Pesquise opções acessíveis para cercas de quintal, portões e outros itens de segurança para manter seu cão seguro.

- Supervisão Ativa: Se não puder arcar com despesas de segurança, supervisione ativamente seu cão quando estiver ao ar livre para evitar acidentes.

7. Higiene:

- Banho em Casa: Se você tiver um espaço ao ar livre, dar banho em casa pode economizar dinheiro em comparação com banhos em pet shops.

-    Escovação Regular: Escovar seu cão em casa ajuda a manter sua pelagem saudável e reduz a necessidade de muitas idas ao pet shop .

-    Aprenda a Linguagem Corporal: Conheça os sinais específicos que seu cão utiliza para se comunicar e adapte suas interações de acordo com suas preferências individuais.

Respeite as Necessidades: Alguns cães são mais independentes, enquanto outros são mais carentes; respeite e compreenda as necessidades emocionais do seu cão.

9. Atenção Emocional:

-        Ofereça Consolo: Seu cão pode passar por momentos de ansiedade, medo ou desconforto. Esteja presente para oferecer conforto e apoio. Abraçar, acariciar e falar com carinho pode ser reconfortante para seu cão em momentos difíceis.

- Os cães são criaturas de hábitos, e ter uma rotina previsível pode proporcionar segurança emocional. Tente manter horários regulares para alimentação, passeios e brincadeiras, para que seu cão saiba o que esperar.

11. Socialização Adequada:

- Introdução Gradual: Ao apresentar seu cão a novas pessoas, animais ou ambientes, faça isso de forma gradual e positiva. Forçar situações pode causar estresse em seu cão.

- Brincadeiras com Outros Cães: Se seu cão é sociável, permita que ele interaja com outros cães em parques ou áreas seguras. A socialização saudável ajuda a desenvolver habilidades sociais e a manter seu cão feliz.

11. Monitoramento da Saúde Mental:

-    Fique atento a Mudanças de Comportamento: Esteja atento a qualquer mudança significativa no comportamento do seu cão. Isso pode incluir isolamento, agressividade repentina, falta de apetite, entre outros. Consulte um veterinário se notar algo fora do comum.

-    Estimulação Mental: Enriqueça a vida do seu cão com brinquedos que desafiem sua mente, como quebra-cabeças de comida ou jogos de esconde-esconde com petiscos. Isso ajuda a manter seu cérebro ativo e estimulado.

Lembre-se de que cada cão é único, e é essencial adaptar essas dicas às necessidades individuais do seu companheiro peludo. Com carinho, atenção e cuidado adequado, você fortalecerá o vínculo com seu cão e garantirá que ele desfrute de uma vida feliz e saudável.